Endlich verständlich

Mathematik
Teiler und Vielfache
Klassen 5/6

Herausgeber: Herbert Henning

Autorinnen und Autoren:
Herbert Henning
Mike Keune
Birgit Losse
Ingrid Mühtz
Eva Schuster
Monika Wittig

Illustrator: Manfred Bofinger

Volk und Wissen Verlag

Inhaltsverzeichnis

Teiler und Vielfache

Kindergeburtstag, dabei gibt es viel zu teilen...

Die Drillinge Tina, Tim und Tom bekommen eine große Tafel Schokolade, 3 kleine Tafeln und 6 Tüten Bonbons. „Lasst uns brüderlich teilen" meint Tom.
Was ist damit gemeint? Teilen sich nur die Brüder die Süßigkeiten? Bekommt jeder eine kleine Tafel Schokolade und 2 Tüten Bonbons und die große Tafel wird verlost?
Tina teilt so:
Jeder bekommt eine kleine Tafel, 2 Tüten Bonbons und ein Drittel der großen Tafel. Das ist „brüderlich", denn jeder erhält die gleiche Menge Süßigkeiten. „Schade, dass wir eine Tafel teilen mussten", sagt Tim, „hätten wir das Dreifache von allen Süßigkeiten bekommen, dann wäre das nicht nötig gewesen." „Nur von der großen Tafel hätten wir das Dreifache gebraucht" meint Tom.

Wer hat Recht? Wisst ihr wie viel Süßigkeiten von jeder Sorte dann vorhanden wären?
Natürlich beide, denn bei Tims Vorschlag wären 3 große Tafeln, 9 kleine Tafeln und 18 Tüten Bonbons und bei Toms Vorschlag 3 große Tafeln, 3 kleine Tafeln und 6 Tüten Bonbons aufzuteilen gewesen.
Die Aufteilung ist nun auch kein Problem, oder?

Beispielaufgaben

Kinder teilen sich den Kuchen.

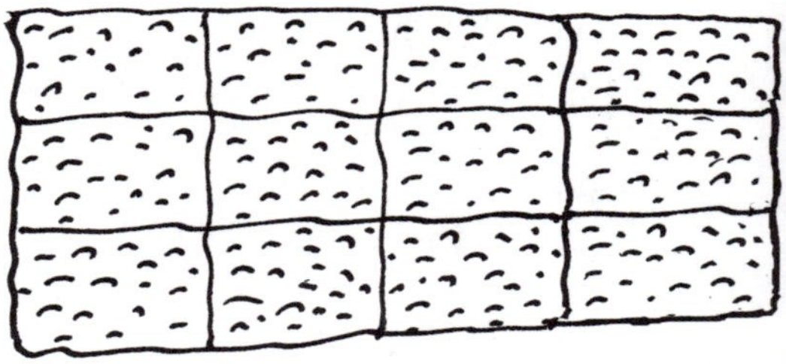

1 Zähle die Stückchen. Wie viele sind es?
Können die Stückchen unter vier Kindern gleichmäßig verteilt werden?
Ja, siehe Bild, denn 4 teilt 12 dreimal.

Schreibe: **4 | 12,** **denn 3 · 4 = 12**
Sprich: **4 teilt 12**

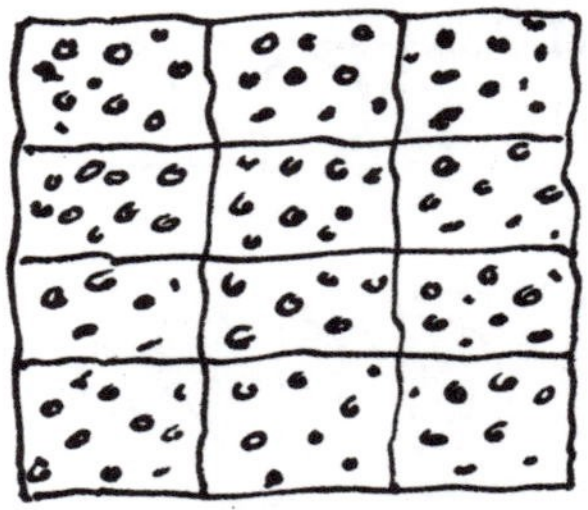

2 Kann die 3 auch die 12 teilen?

Ja, siehe Bild, die 3 teilt die 12 viermal.
Schreibe: **3 | 12,** **denn 4 · 3 = 12**
Sprich: **3 teilt 12**

3 Peter möchte 20 Bonbons unter 5 Kindern gleichmäßig verteilen. Ist das möglich?

Teile die Bonbons gleichmäßig auf.
Ordne jedem Kind die gleiche Anzahl zu.
Wenn du richtig geteilt hast, bleibt kein Bonbon übrig.
Schreibe: **5 | 20,** **denn 4 · 5 = 20**
Sprich: **5 teilt 20**

Lerntipp:
Eine Aufgabe lässt sich mit einem selbst gezeichneten Bild leichter verstehen.
Male eigene Bilder zu den Aufgaben 1, 2 und 3.

„Ich und du, Mül-lers Kuh, Mül-lers E-sel, der bist du."
Bei welcher Anzahl von Kindern endet der Abzählvers bei dem Kind, das ihn aufgesagt hat? (Es gibt mehrere Lösungen)
Tipp: Zähle die Silben durch, z.B. so: 1,2,3,1,2,3… .
Für welche Zahlen außer der 3 kommst du wieder bei 1 an?

Es sollen 36 Karten so aufgeteilt werden,
dass jedes Kind mindestens 6 und höchstens 12 Karten erhält.
Wie viele Kinder können mitspielen?
Zähle alle Möglichkeiten auf.

....

....

Können sich auch 2, 3, 4, 8 oder 10 Kinder 20 Bonbons ohne Rest teilen?
Löse durch Einkreisen. Siehe Beispiel für 2 Kinder.

2 Kinder

$2 \mid 20$, denn $10 \cdot 2 = 20$

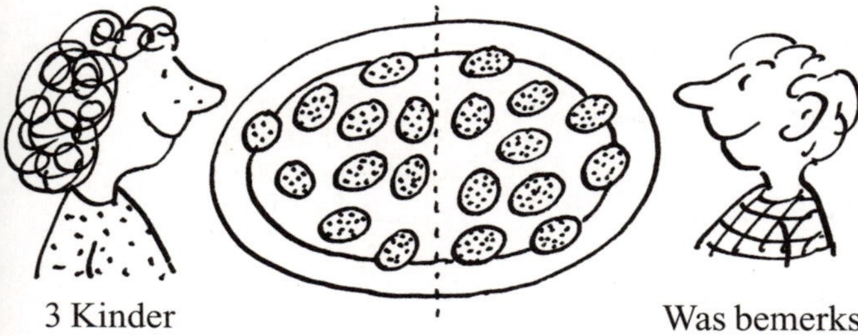

3 Kinder

Was bemerkst du? Ja, es bleibt ein **Rest**.
Schreibe: **$3 \nmid 20$**
Sprich: **3 teilt 20 nicht**.

4 Kinder

8 Kinder

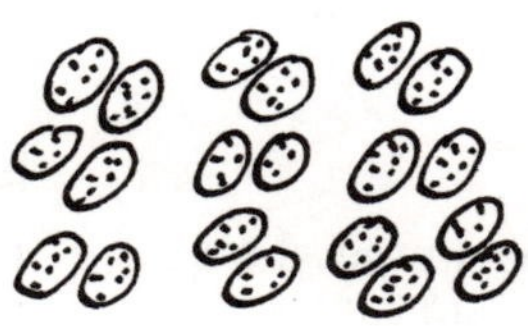

10 Kinder

Schreibe: **$4 \mid 20$** ....

Sprich: **4 teilt** ....

Eigentlich einfach…
Habe ich eine Einmaleinsaufgabe, so habe ich eine Lösung
für das Teilen ohne Rest.

5 Markiere, alle Zahlen, die **Teiler** von 20 sind.

1	2	3	4
5	6	7	8
9	10	11	12
13	14	15	16
17	18	19	20

Hast du auch die 1 und die 20 unterstrichen?
Sie sind natürlich auch Teiler von 20, denn

20 · 1 = 20 und 1 · 20 = 20

Also gilt **1 | 20 und 20 | 20**.

Alle Teiler einer Zahl kann man in einer Menge, der **Teilermenge**, zusammenfassen.

6 Schreibe die Teilermenge der Zahl 20 auf.

T_{20} = { __ ; __ ; __ ; __ ; __ ; __ }

7 Markiere alle Zahlen, von denen 20 ein **Vielfaches ist.**

1	2	3	4
5	6	7	8
9	10	11	12
13	14	15	16
17	18	19	20

Schreibe als Multiplikation:

20 · 1 = 20 ; __ · 2 = 20 ; __ · 4 = 20

Welche Multiplikationsaufgaben findest du noch für 20?

.... ; .... ; ....

8 Ergänze und vervollständige.

1 | 20 und 20 ist ein Vielfaches von 1

...... | 20 und 20 ist ein Vielfaches von .....

4 | 20 und 20 ist ein Vielfaches von ......

..... | 20 und 20 ist ein Vielfaches von 5

..... | 20 und 20 ist ein Vielfaches von .....

20 | 20 und 20 ist ein Vielfaches von .....

Merke dir:
Der kleinste Teiler einer Zahl ist immer die 1.
Der größte Teiler ist immer die Zahl selbst.
Eine Zahl a ist Teiler einer Zahl b,
wenn die Division b : a ohne Rest aufgeht.

Beispiele:
1 | 12
12 | 12
3 | 12, da die Division 12 : 3 ohne Rest aufgeht.

Ist die Zahl 2 Teiler von der Zahl 24,
so ist 24 Vielfaches von 2.

9 Es befinden sich 24 Schüler auf einer Klassenfahrt. In der Herberge soll immer die gleiche Anzahl Kinder in einem Zimmer sein.

a Können unter dieser Bedingung Max, Jan, Jens und Mike ein Zimmer belegen? Wie viele Zimmer müssten es sein?

Ja oder nein?
Schreibe: **4 | 24 24 : 4 = 6**
Ja, es werden 6 Vierbettzimmer benötigt.

b Können auch die 5 Freundinnen Anne, Susi, Anke, Jana und Uta ein Zimmer vollständig belegen?

Ja oder nein?
5 ∤ 24 24 : 5 = 4 Rest 4

c Wie viele Betten könnten in jedem Raum stehen, wenn die Zimmer vollständig und jeweils mit der gleichen Anzahl von Kindern belegt werden sollen?

Lösungshinweis:
Schreibe alle Zahlenpaare auf, deren Produkt 24 ergibt.

Streiche alle Zahlen im Bild durch, die nicht zu den gesuchten Zahlenpaaren gehören.

4 20 6
22 12 2 8 1 3 24 21
5 9 15 18
11

Vervollständige.

.... · ...... = 24 ...... · ...... = 24
.... · ...... = 24 ...... · ...... = 24
.... · ...... = 24 ...... · ...... = 24
.... · ...... = 24 ...... · ...... = 24

So viele Betten müssten es jeweils sein:

.... oder .... oder .... oder .... oder .... oder .... oder .... oder ....

Welche der Möglichkeiten wird es aus praktischen Gründen in der Herberge sicher nicht geben?

Es sind zwei Möglichkeiten.
Schreibe sie auf.

....

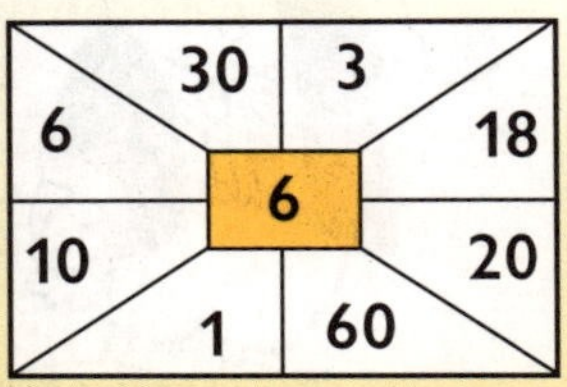

Kennzeichne die Zahlen am Rand farbig, deren Teiler die Zahl in der Mitte ist.

Übungsaufgaben

Lösungshinweise

1 Sind die folgenden Zahlen Teiler der Zahl 24?

6	8	5
1	12	24

Überlege, ob 24 sich als Einmaleinsaufgabe mit der Zahl in den Kästchen schreiben lässt. Entscheide und verwende die Zeichen $|$ und $\nmid$ (**teilt** und **teilt nicht**)

6 __ 24   8 __ 24   5 __ 24

1 __ 24   12 __ 24   24 __ 24

2 Welche Zahlen teilen 15? Schreibe die 15 als Produkt und notiere die Faktoren.

15 = ... · ......   15 = ... · ......

15 = ... · ......   15 = ... · ......

Die Teilermenge ist:

T_{15} = { __ ; __ ; __ ; __ }

3 Ist die Zahl 25 durch 3 teilbar?

25 : 3 = ...   mit Rest oder ohne?

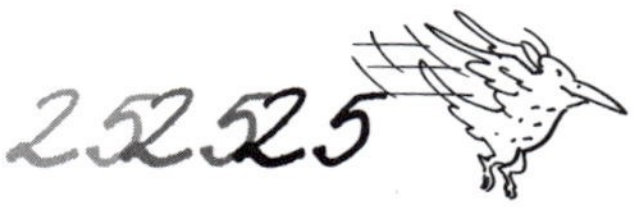

Streiche die Wörter, die nicht zutreffen:
Die Division ist *ohne / mit* Rest,
also ist 3 *ein / kein* Teiler von 25.

4 Wahr (w) oder falsch (f)? Unterstreiche das Richtige.

$4 \nmid 48$	w, f	$8 \mid 94$	w, f
$7 \mid 105$	w, f	$6 \mid 54$	w, f
$9 \mid 98$	w, f	$5 \nmid 23$	w, f

Beachte, ob die Division mit oder ohne Rest ist und entscheide dann:

48 : 4 = ...	94 : 8 = ...
105 : 7 = ...	54 : 6 = ...
98 : 9 = 10 Rest 8	23 : 5 = ...

5 Vervollständige die Teilermenge für 32.

T_{32} = { __ ; __ ; __ ; __ ; 16 ; __ }

Zerlege die 32 in Faktoren, diese Faktoren gehören zu der Teilermenge.

- Die Oma schenkt den Brüdern Anton, Bernd und Carsten 20 Euro. Können die Jungen das Geld gleichmäßig unter sich aufteilen? Begründe.
- Ina hat ausgerechnet: Eine Woche hat 170 Stunden. Kann das stimmen? Begründe.

Gib alle Teiler der Zahl an.

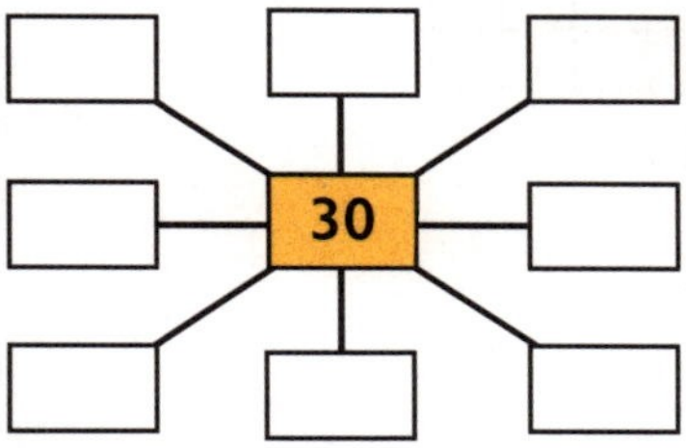

Schreibe sie als Teilermenge:

T_{30} = { __ ; __ ; __ ; __ ; __ ; __ ; __ ; __ }

Gib auch alle Teiler von 34 an.

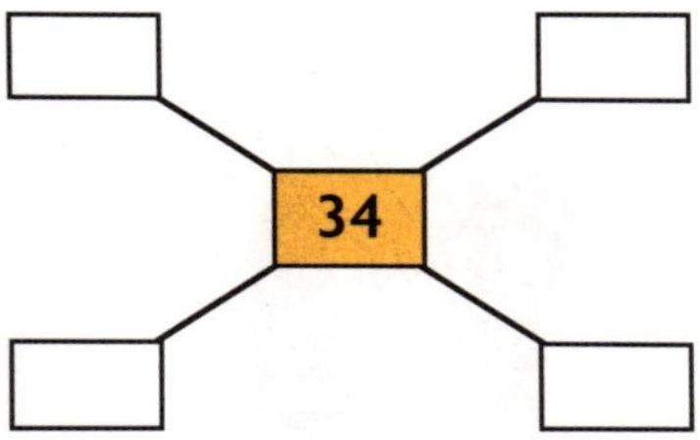

Schreibe als Teilermenge:

T_{34} = { __ ; __ ; __ ; __ }

Kontrolliere dich selbst:

Addiere alle Zahlen, die du in den einzelnen Aufgaben ermittelt hast.
Sind deine Lösungen richtig, dann ergeben sich folgende Summen:

Aufgabe 2 .... **72**

Aufgabe 3 .... **9**

Aufgabe 4 .... **60**

Aufgabe 5 .... **47**

Aufgabe 6 .... **72**

Aufgabe 7 .... **54**

T__ = {1 ; 2 ; __ ; __ ; 6 ; 12}

T__ = {1 ; 2 ; 5 ; 10 ; __ ; __ }

T__ = { _ ; 2 ; 3 ; 4 ; __ ; __ ; 12 ; 18 ; __ }

T__ = { __ ; 3 ; __ ; __ ; 15 ; __ }

Um welche Teilermengen
handelt es sich?
Setze die fehlenden Zahlen ein.

8 Zeichne dir ein 6 cm langes und 3 cm breites Rechteck.
Teile es in 18 Quadrate und schneide sie aus.
Lege die Quadrate in Reihen mit gleicher Anzahl.
Finde und notiere alle Möglichkeiten.

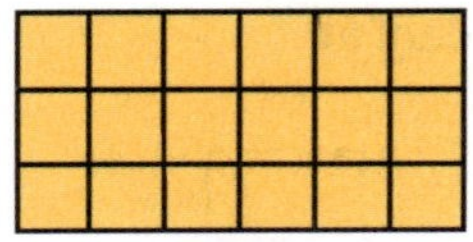

$3 \cdot 6 = 18$ ....

....

9 Streiche die falschen Aussagen durch.

3 | 12	2 | 12	12 | 4
5 | 12	6 | 12	0 | 12
12 | 12	12 | 1	1 | 12

10 Kreuze alle Vielfachen der Zahl 4 an.

1	2	3	4	5	6	7	8	9	10	11	12	13
14	15	16	17	18	19	20	21	22	23	24	25	26
27	28	29	30	31	32	33	34	35	36	37	38	39
40	41	42	43	44	45	46	47	48	49	50	51	52
53	54	55	56									

11 Ermittle alle Teiler von 42.

T_{42} = { __ ; __ ; __ ; __ ; __ ; __ ; __ ; __ }

Zerlege 42 in alle möglichen Faktoren.

$42 = 1 \cdot 42$ 42 = ... · ......

42 = ... · ...... 42 = ... · ......

42 = ... · ...... 42 = ... · ......

42 = ... · ...... 42 = ... · ......

Schreibe selbst Aufgaben für deine Eltern, Geschwister oder Freunde auf.
Vergiss nicht, die Lösungen zu kontrollieren.

Setze in die Lücken teilt (|) oder teilt nicht (∤) .

7 __ 84 9 __ 102 5 __ 102

17__ 17 1 __ 245 11 __ 330

Notiere die Teiler. Gib ihre Anzahl an.

Zahl	Teiler	Anzahl
8		
13		
16		
25		
49		

Kreuze die Teiler von 18 rot, von 24 grün und von 36 blau an.

1	2	3	4	5	6	7	8	9	10	11	12	13
14	15	16	17	18	19	20	21	22	23	24	25	26
27	28	29	30	31	32	33	34	35	36			

Die 28 Schüler der 5. Klasse sollen in Gruppen mit gleicher Schülerzahl und mehr als 3 Schülern arbeiten. Schreibe alle Möglichkeiten auf. Kennzeichne die günstigste Möglichkeit farbig.

Anzahl der Gruppen	*Anzahl der Schüler*
....	....
....	....
....	....

Klaus hat 12 Flaschen Limonade. Er soll sie zum Schulfest als Preise verteilen. Es soll einen 1. Preis, einen 2. Preis und einen 3. Preis geben. Wie viele Flaschen kann Klaus jeweils ausgeben? Es soll keine übrigbleiben.

1. Preis: ....*Flaschen*

2. Preis: ....*Flaschen*

3. Preis: ....*Flaschen*

Petra möchte ein quadratisches Bild mit der Seitenlänge 12 cm in gleich große Quadrate zu einem Puzzle zerschneiden. Wie viele Puzzle-Teile erhält sie? Es gibt mehrere Möglichkeiten. (Du kannst dir das Quadrat aufzeichnen und es zerschneiden. Probiere es.)

17 Verbinde die Teiler der Zahl 36 der Größe nach.
Beginne mit der kleinsten Zahl.

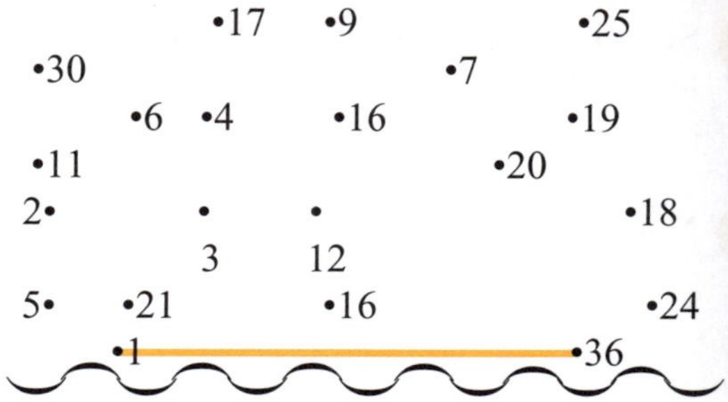

18 Auf der Klassenfahrt werden 24 Schüler von 3 Lehrern betreut. Im Speiseraum stehen Tische mit je 6 Stühlen. Wie viele Tische braucht man wenigstens, damit alle Personen Platz finden?

Vervollständige und zeichne weiter.

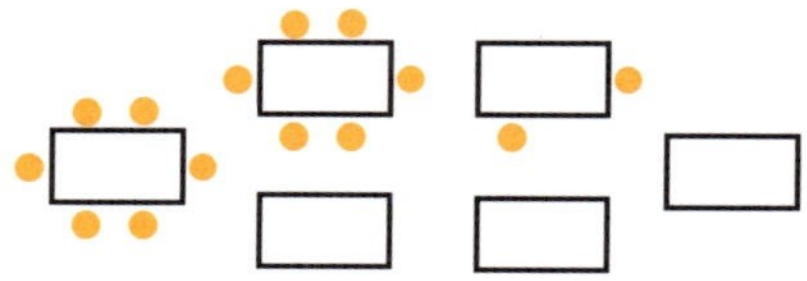

Anzahl der Tische: ....

19 Trage in die Blütenblätter alle Teiler der jeweiligen Zahl ein.

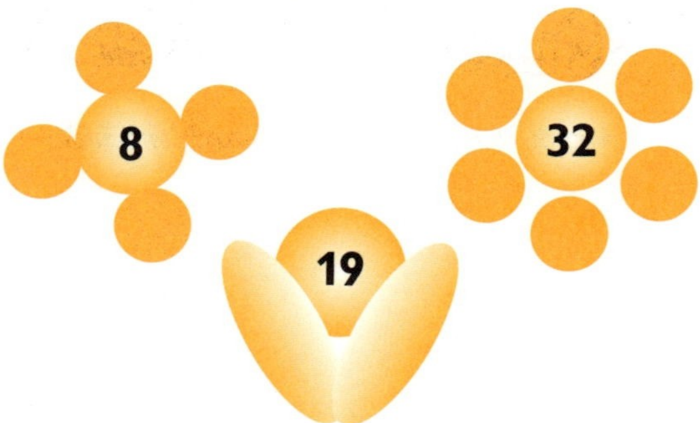

Kontrolliere dich selbst:

Du hast die richtigen Zahlen gefunden, wenn ihre Summe 98 ergibt.

20 Schreibe alle Teiler der Zahlen 16; 25; 29; 34 und 40 in den jeweiligen Kreis.

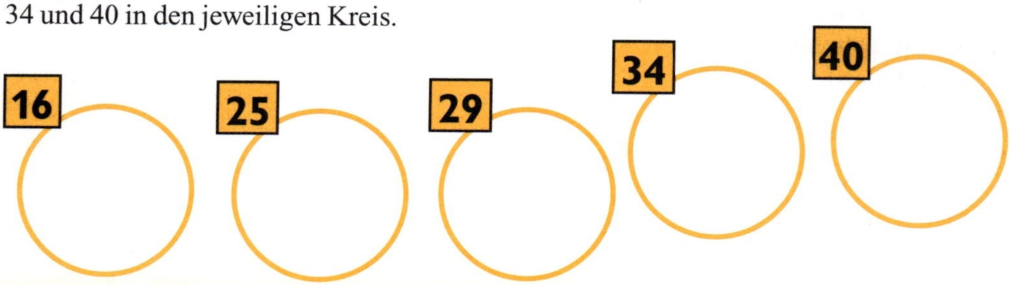

Fülle die Leerstellen aus.

T _ ={ __ ; __ ; 3 ; __ ; __ ; __ ; 12 ; __ ; __ }

1 Gib 5 weitere Zahlenpaare an.

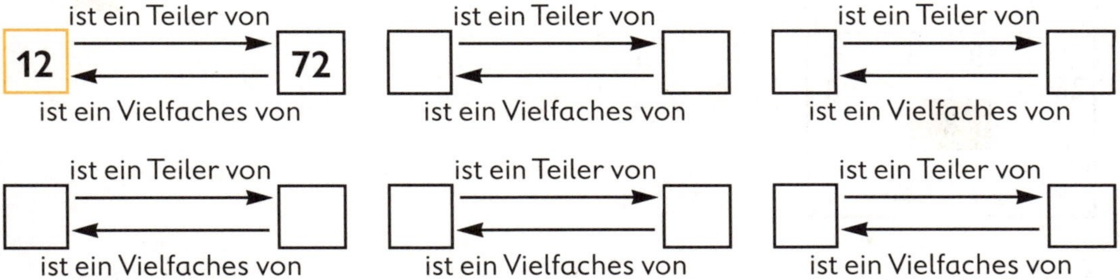

2 Wer gehört in welches Haus? Zeichne entsprechende Pfeile.

3 Herr Weber behauptet er müsse Fliesen zerschneiden. Frau Weber widerspricht. Wer hat recht? Begründe.

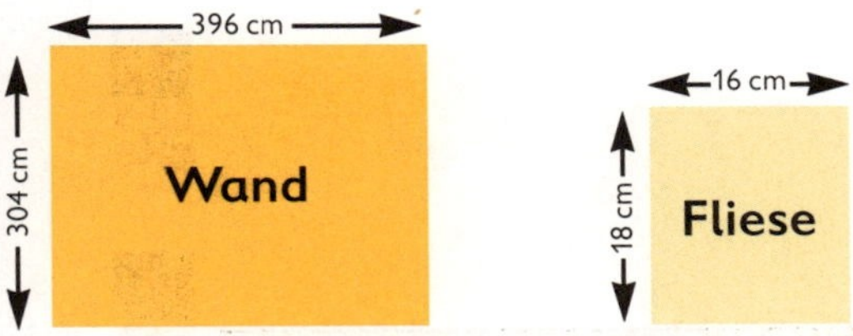

4 Ist x ein Vielfaches von y? Trage ein.

x	54	56	6	28	7	84	23	100
y	9	28	24	6	42	6	23	25
ja/nein								

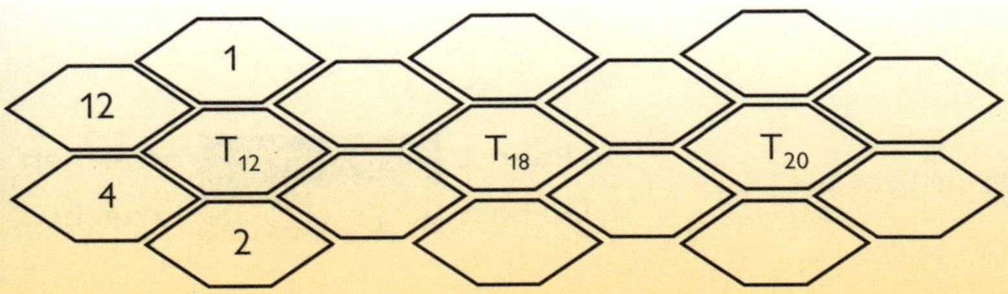

Ergänze das Teilermengen-Puzzle.

1. Kennzeichne die Zahlen am Rand farbig, die Vielfache der Zahl in der Mitte sind. 4

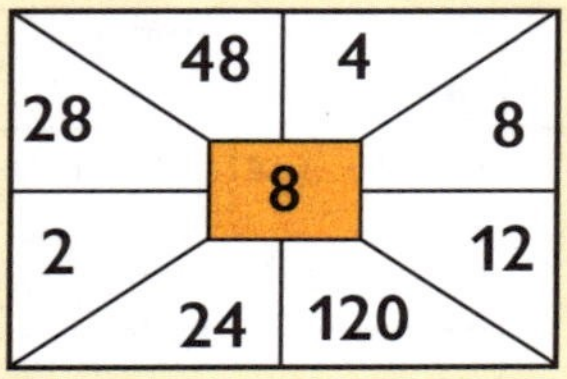

2. Schreibe alle Teiler der Zahlen 28 und 29 auf. 2

T_{28}={ __ ; __ ; __ ; __ ; __ ; __ } T_{29}={ __ ; __ }

3. Bestimme die Teilermengen. 4

T_{60}={ .... } T_{41}={ .... }

4. Welche Aussage ist wahr? Begründe. 2

7 | 21 ....

21 | 7 ....

21 | 21 ....

5. Setze das richtige Zeichen | oder $\nmid$ ein. 4

9_36 8_32 14_42 7_40 13_13 7_17 24_12

6. Setze „ja“ oder „nein“ ein. 4

	ist Teiler von 16	ist Teiler von 24	ist Teiler von 30
3			
	ist Vielfaches von 6	**ist Vielfaches von 24**	**ist teilbar durch 5**
60			

Du kannst **20 Punkte** erreichen
Du hast erreicht

Teilbarkeitsregeln

Tim behauptet: „Wenn ich mir eine Zahl genau ansehe, dann weiß ich auch gleich, ob sie durch 2, 5 oder 10 teilbar ist."
Tom meint: „Dann sag mir doch, ob die Zahl 2 345 677 durch diese Zahlen teilbar ist."
Tim antwortet sofort: „Nein, weder durch 2, noch durch 5, noch durch 10."
Stimmt das wirklich? Wieso weiß er das sofort?

Beispielaufgaben

1 Du kennst die Begriffe **„Teiler"**, **„teilbar"** und **„Teilbarkeit"**. Du hast aber auch schon **Regeln** kennengelernt, die dir helfen, Zahlen zu teilen. Vielleicht fallen sie dir wieder ein, wenn du diese Aufgaben löst.

a Unterstreiche von den folgenden Zahlen alle, die durch 2 teilbar sind:
16, 25, 13, 30, 28, 42, 21, 31, 34, 19

b Sieh dir von diesen unterstrichenen Zahlen die letzte Ziffer an und schreibe sie auf.

....

Merke dir:
Jede Zahl, deren letzte Ziffer eine 0; 2; 4; 6 oder 8 ist, ist durch 2 teilbar.

Beispiel:
568
Die letzte Ziffer ist eine 8, also gilt 2 | 568.

Das ist eine Teilbarkeitsregel. Tim kannte die Regel und deshalb wusste er sofort, dass die Zahl 2 345 677 nicht durch 2 teilbar ist, denn deren letzte Ziffer ist eine 7.

2 Schreibe alle Vielfachen von 10 zwischen 1 und 99 auf.

....

Was haben diese Zahlen gemeinsam? Die letzte Ziffer ist eine ....

Merke dir:
Jede Zahl, deren letzte Ziffer eine 0 ist, ist durch 10 teilbar.

Beispiel:
2670 Die letzte Ziffer ist eine 0, also gilt 10 | 2670.

Teilbarkeit durch 10 ist echt easy zu erkennen!

3 Kannst du dir denken, wie Zahlen aussehen müssen, die durch 5 teilbar sein sollen? Man kann sie auch an der letzten Ziffer erkennen. Welche Ziffern müssen das sein? Schreibe sie auf:

.... oder ....

Merke dir:
Jede Zahl, deren letzte Ziffer eine 0 oder 5 ist, ist durch 5 teilbar.

Beispiel:
630 Die letzte Ziffer ist eine 0, also gilt 5 | 630.
635 Die letzte Ziffer ist eine 5, also gilt 5 | 635.

Teilbarkeit durch 5 zu erkennen: kein Problem!

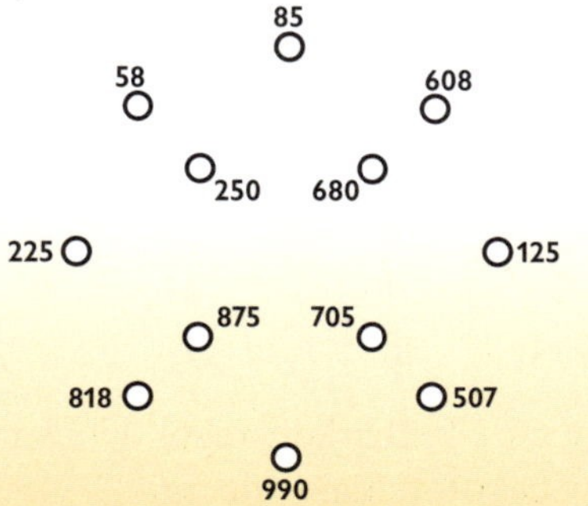

Male die Kreise zu den Zahlen, die durch 5 teilbar sind, farbig an.

4 Bei der Teilbarkeit durch 4 musst du immer die letzten beiden Ziffern untersuchen.

Merke dir:
Jede Zahl, deren letzten beiden Ziffern durch 4 teilbar sind, ist durch 4 teilbar.

Beispiel:
$4 \mid 324$, weil $4 \mid 24$
Aber: $4 \nmid 327$, weil $4 \nmid 27$

Teilbarkeit durch 4 zu erkennen:
Auch das geht wirklich einfach!

Welche der Zahlen 126; 236; 344; 808; 515; 1716; 728 und 916
sind durch 4 teilbar? Schreibe die Zahlen wie im Beispiel auf, entscheide und begründe.

$4 \nmid 126$, weil $4 \nmid 26$,   4 | 236, weil 4 | __   4 | 344, weil 4 | __   4 | __, weil 4 | __

4 | __, weil 4 | __   4 | __, weil 4 | __   4 | __, weil 4 | __   4 | __, weil 4 | __

5 Es gibt noch weitere Regeln. *Wann ist eine Zahl durch 3 teilbar?*
Für die Teilbarkeit durch 3 brauchst du noch einen neuen Begriff.
Der heißt **Quersumme**. Wie kannst du die **Quersumme** von 1999 ermitteln?
Du rechnest 1 + 9 + 9 + 9 = 28 ← **Quersumme**
Du musst die Ziffern addieren. Ihre Summe ist die **Quersumme**.

Welche Quersumme gehört zu welcher Zahl? Setze die Buchstaben in die Kreise ein.

Zahl		Quersumme
583	◯	15 (i)
4792	◯	20 (n)
654	◯	16 (f)
7481	◯	22 (e)

↓ Wie heißt das Wort?

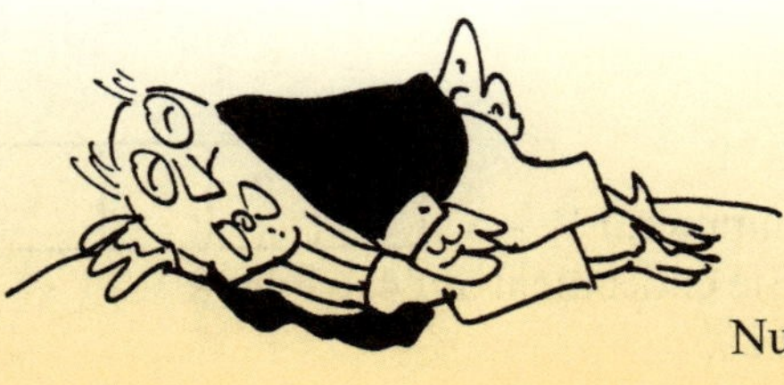

Nur ein Viertelstündchen…

6 Nun die Regel für die Teilbarkeit durch 3.

Merke dir:
Jede Zahl, deren Quersumme durch 3 teilbar ist, ist durch 3 teilbar.

Beispiel:
3 | 573, weil 3 | 5+7+3 = 15

a Welche der vier Zahlen 583, 4792, 654 und 7481 sind durch 3 teilbar? Markiere sie.

b Fülle zuerst die Spalte Quersumme aus. Setze dann „ja" oder „nein" ein.

Zahl	Quersumme	... ist teilbar durch		
		2	3	4
1174				
585				
5112				

7 Wenn du dir die Regeln gut gemerkt hast, dann kannst du sicher die beiden Tabellen ausfüllen. Es ist nicht schwer.

a Unterstreiche die letzte Ziffer. Vervollständige.

Zahl n	10|n	5|n	2|n
35	nein	ja	nein
110			
4036			
71167			
4235			

b Bilde erst die Quersumme. Vervollständige.

Zahl n	Quersumme	3|n
675	6+7+5 = 18	ja
381		
2166		
3789		
1865		

Für Mathe-Asse

Ergänze Herrn Müllers Autonummer: FW - A

9	7		

Sie ist durch 9 und 16 teilbar. Sie endet nicht auf 4, 6 oder 8. Ihre Quersumme ist größer als 20.

Noch eine Regel für die Teilbarkeit durch 9.

Merke dir:
Jede Zahl, deren Quersumme durch 9 teilbar ist, ist durch 9 teilbar.

Beispiel:
9 | 657, weil 6+5+7 = 18 (Quersumme) und 9 | 18
9∤1997, weil 1+9+9+7 = 26 (Quersumme) und 9∤26

8 Welche der Zahlen 171, 613, 801, 441, 981, 1017 sind durch 9 teilbar?

Fehlt jetzt noch eine Regel?

Übungsaufgaben

Lösungshinweise

1 Kennzeichne mit **w** für wahr und **f** für falsch.

2 | 98	◯	10 | 101	◯
5 | 545	◯	3 | 39	◯
2 | 23	◯	5 | 54	◯
10 | 1320	◯	3 | 12345	◯

Beachte die Teilbarkeitsregeln.
Ergänze die Lückentexte.

Die Teilbarkeit einer Zahl durch 2, 5, oder 10 erkennt man an der l _ t _ t _ _ Ziffer.

Eine Zahl ist durch 3 teilbar, wenn ihre _ u _ _ s _ _ m _ durch 3 teilbar ist.

Lerntipp:
Probleme mit den Teilbarkeitsregeln?
Schreibe die Regeln auf einen Zettel und hänge sie an die Zimmertür.

Wenn du auf einer Schreibmaschine nacheinander alle zehn Zifferntasten anschlägst, so erhältst du immer eine durch 9 teilbare Zahl. Die Reihenfolge spielt dabei keine Rolle. Kannst du das erklären?
Beispiel: 4 3 6 5 8 0 1 7 9 2

2 Setze zwischen die Zahlen das Zeichen teilt (|) oder (∤) teilt nicht.

2	109;	3	762;	5	335;
10	1001;	2	158;	3	627

3 **a** Streiche alle durch 2 teilbaren Zahlen.
b Unterstreiche alle durch 5 teilbaren Zahlen.
c Umrande alle durch 10 teilbaren Zahlen.
Was fällt dir auf?

240	102	36	41
335	689	54	60
22	1230	77	96

Notiere es hier: ....

....

4 Welche natürlichen Zahlen zwischen 614 und 621 sind durch

Beachte die Regeln. Sieh sie dir noch eimal an.

2............................; 3.............................;

5............................; 4............................. teilbar?

5 Ergänze durch eine Ziffer so, dass eine wahre Aussage entsteht.

Beachte, dass es nicht nur eine Möglichkeit gibt.

Weitere Möglichkeiten:

a 3 __ ist durch 2 teilbar — 2 | 3 __; 2 | 3 __; 2 | 3 __; 2 | 3 __

b 78 __ ist durch 5 teilbar — 5 | 78 __

c 5 __ 2 ist durch 3 teilbar — 3 | 5 __ 2; 3 | 5 __ 2

Lerntipp:
Um die Teilbarkeitsregeln besser zu behalten, schreibe dir eigene Beispiele dazu auf.

6 2 | a 3 | a 5 | a (a: Nummer der Männchen)

Hausnummer	Nummer der Männchen
1	
2	
3	

a Wer wohnt in welchem Haus? Beachte, dass einige Männchen in mehreren Häusern wohnen können.

b Schreibe kurz: 2 | 36 ; 2 | __ ; __ | __ ; __ | __ ; __ | __ ; __ | __ ; __ | __ ; __ | __ ;

Kontrolliere dich selbst:

Die Summe der Männchen, die in keinem Haus wohnen, beträgt 41.

7 Streiche die Zahlen, die nicht durch 2 teilbar sind.
Begründe mit der Teilbarkeitsregel.

222; 112; 45; 560; 10409

8 Setze Ziffern so ein, dass die Zahlen durch 3 teilbar sind.

2 __ 45 __ ; 2 __ 45 __ ; 2 __ 45 __ ; 2 __ 45 __

Jede Zahl ist durch 6 teilbar, wenn die Regeln für die 2 und 3 gelten.
Beispiel: 6 | 384, weil 2 | 384 und 3 | 384
6 ∤ 484, weil 2 | 484 aber 3 ∤ 484

9 Gib zu den folgenden Zahlen die nächste größere durch 3 teilbare Zahl an:

a 19   3 | 21   **c** 47   3 | __

b 124   3 | __   **d** 265   3 | __

10 Gib Teiler der vierstelligen Zahlen an, obwohl nicht alle Ziffern bekannt sind.

a _ _ 2 0; ....   _ _ 4 0; ....

b _ _ 1 5; ....   _ _ 0 8; ....

11 Die 5. Klasse (27 Schüler) plant eine Klassenfahrt.
In der Herberge gibt es Zwei- und Dreibettzimmer.
Wie viele Zimmer welcher Art werden benötigt,
wenn alle Zimmer voll belegt werden sollen?

....

....

In der Klasse sind 12 Mädchen und 15 Jungen. Wie viele Zimmer welcher Art werden benötigt, wenn Jungen und Mädchen getrennt untergebracht sind?

....

....

Bei welcher Variante werden mehr Zimmer benötigt? ....

....

....

Teilbarkeit durch 7:
Von der Zahl die Einerziffer wegstreichen.
Das Doppelte von der Einerziffer von der neuen Zahl abziehen.
Ist der Ergebnis teilbar durch 7, so ist es auch die Ausgangszahl:
7 ? 469   46~~9~~ $46 - 2 \cdot 9 = 28$
7 | 28, also 7 | 469

Tipps zur Gestaltung der Lernumgebung

Wie und wo man lernt, kann einen großen Einfluss auf den Lernfolg haben. Es gibt jedoch verschiedene Lernertypen. Finde heraus, was für ein Typ du bist, und versuche dann, so zu lernen, wie es für dich am besten ist.

- **Schreibtisch**
  Ein ordentlicher Schreibtisch, auf dem alles bereit liegt, was man beim Lernen braucht, erleichtert vielen das Lernen.
  Wenn du nicht zu dem Typ „zerstreuter Professor“ gehörst, der am besten im Chaos arbeitet, räume also deinen Schreibtisch immer auf, bevor du mit dem Lernen beginnst.

- **Ruhe**
  Die meisten Menschen können sich bei Ruhe besser konzentrieren. Manchen fällt das Lernen jedoch bei einer besonderen Musik (z. B. bei klassischer Musik) leichter. Versuche daher, störende Geräusche abzuschalten (Fenster zu, nicht im Garten oder auf dem Balkon lernen, Radio aus) und höre nur leise Musik, die deine Konzentration fördert.

- **Bequemlichkeit**
  Sitze so, wie du dich am wohlsten fühlst, ohne dabei müde zu werden. Eine für das Lernen günstige Position könnte sein: gerades Sitzen auf einem guten Schreibtischstuhl oder bewegliches Sitzen auf einem Wippball oder Kniestuhl. Manche Leute bewältigen den Lernstoff aber auch am besten, wenn sie im Zimmer herumlaufen oder im Liegen lernen.

- **Licht**
  Sorge beim Lernen immer für ausreichendes Licht. Das Licht sollte möglichst von der Seite (bei Rechtshändern von links, bei Linkshändern von rechts) auf den Arbeitsplatz fallen.

1. Streiche die Zahlen, für die folgende Aussage **nicht** zutrifft: 6

Diese Zahlen sind gerade:

1 2 8 11 19 132 4791 55080

Diese Zahlen sind durch 5 teilbar:

1 3 10 17 85 150 7495 66000

Diese Zahlen sind Vielfache von 10:

16 30 44 87 100 304 5260 17384

2. Welche Zahlen zwischen 2115 und 2135 sind durch 4 teilbar? 4

3. Setze jeweils Ziffern so ein, dass die Aussage zutrifft. 4

a) 2 | 1 _ 39 _ **c)** 9 | 1 _ 39 _ **e)** 3 | 1 _ 39 _

b) 4 | 1 _ 39 _ **d)** 10 | 1 _ 39 _ **f)** 5 | 1 _ 39 _

4. Ina hat ausgerechnet: Zwölf Wochen sind 86 Tage. 4
Kann das stimmen? Begründe.

....

....

5. Jahre, deren Jahreszahlen durch 9 teilbar sind, heißen Neunerjahre. Mit ihnen soll es eine besondere Bewandnis haben, so sagt man. Welche Jahre zwischen 1990 und 2000 sind solche Neunerjahre? Schreibe sie auf. 2

....

Du kannst 20 Punkte **erreichen**
Du hast **erreicht**

S. 4 Bei 2, 3, 4, 6 und 12 Kindern endet der Abzählvers bei dem Kind, das ihn aufgesagt hat.

S. 5 / 3 3 Kinder je 12 Karten, 4 Kinder je 9 Karten oder 6 Kinder je 6 Karten.

S. 6 / 6 $T_{20} = \{1;2;4;5;10;20\}$

S. 7 / 9
$1 \cdot 24 = 24$ $6 \cdot 4 = 24$
1 Zimmer mit 24 Betten oder 6 Zimmer mit 4 Betten oder
$2 \cdot 12 = 24$ $8 \cdot 3 = 24$
2 Zimmer mit 12 Betten oder 8 Zimmer mit 3 Betten oder
$3 \cdot 8 = 24$ $12 \cdot 2 = 24$
3 Zimmer mit 8 Betten oder 12 Zimmer mit 2 Betten oder
$4 \cdot 6 = 24$ $24 \cdot 1 = 24$
4 Zimmer mit 6 Betten oder 24 Zimmer mit einem Bett.
Die erste und die letzte Möglichkeit wird es sicher nicht geben.

S. 7 Farbige Zahlen: 6; 18; 30; 60 Gestrichene Zahlen: 1; 3; 10; 20

S. 8/1 - 5
1. $6|24$ $8|24$ $5\nmid 24$ $1|24$ $12|24$ $24|24$ **2.** $T_{15} = \{1; 3; 5; 15\}$
3. 25 : 3 = 8 Rest 1. Die Division ist mit Rest, also ist 3 kein Teiler von 25.
4. $4\nmid 48$ f ; $7 | 105$ b ; $9|98$ w ; $8|94$ f ; $6|54$ w ; $5\nmid 23$ w
5. $T_{32} = \{1; 2; 4; 8; 16; 32\}$

S. 8 20 Euro können nicht gleichmäßig unter drei Brüder aufgeteilt werden, denn $3\nmid 20$.
Inas Rechnung ist falsch, denn eine Woche hat $7 \cdot 24 = 168$ Stunden.

S. 9 / 6 $T_{30}=\{1;2;3;5;6;10;15;30\}$

S. 9 / 7 $T_{34}=\{1;2;17;34\}$

S. 9 T_{12}={1;2;**3**;**4**;6;12} T_{50}={1;2;5;**25**;**50**} T_{36}={**1**;2;3;4;**6**;**9**;12;8;**36**}
T_{45}={**1**;3;**5**;**9**;15;**45**;}

S. 10 / 8
$3 \cdot 6 = 18$ $2 \cdot 9 = 18$ $1 \cdot 18 = 18$
$6 \cdot 3 = 18$ $9 \cdot 2 = 18$ $18 \cdot 1 = 18$

S. 10 / 9 Falsche Aussagen sind: $5 | 12$; $12 | 1$; $12 | 4$; $0 | 12$

S. 10 / 10 Anzukreuzen sind: 4; 8; 12; 16; 20; 24; 28; 32; 36; 40; 44; 48; 52; 56

S. 10 / 11 $T_{42}=\{1;2;3;6;7;14; 21;42\}$

S. 11 / 12 $7 | 84$; $9\nmid 102$; $5\nmid 102$; $17 | 17$; $1 | 245$; $11 | 330$

S. 11 / 13

Zahl	Teiler	Anzahl
8	1; 2; 4; 8	4
13	1; 13	2
16	1; 2; 4; 8; 16	5
25	1; 5; 25	3
49	1; 7; 49	3

S. 11 / 14

rot: 1; 2; 3; 6; 9; 18 grün: 1; 2; 3; 4; 6; 8; 12; 24
blau: 1; 2; 3; 4; 6; 9; 12; 18; 36

S. 11 / 15

Anzahl der Gruppen	4	7	14
Anzahl der Schüler	7	4	2

S. 11 / 16

Eine Möglichkeit: 1. Preis - 6 Flaschen, 2. Preis - 4 Flaschen, 3. Preis - 2 Flaschen

S. 11

Anzahl der Puzzleteile	144	36	16	9	4
Seitenlänge der Quadrate	1cm	2cm	3cm	4cm	6cm

S. 12 / 17

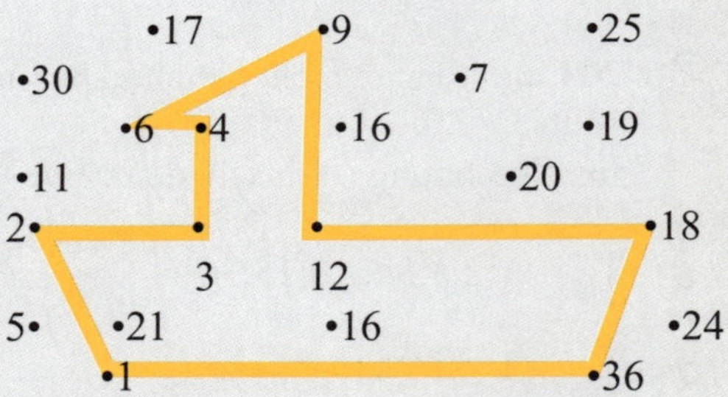

S. 12 / 18

Anzahl der Tische: mindestens 5

S. 12 / 19

S.12/ 20

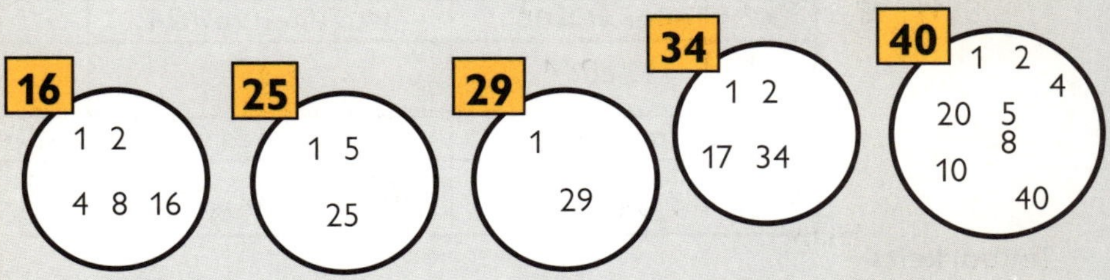

S. 12 Leerstellen ausfüllen: T_{36}={**1**;**2**;3;**4**;**6**;**9**;12;**18**;**36**}

S. 13 / 21 z.B. 5,15 ; 8, 24 ; 12, 36 ; 10, 30 ; 14, 42

S. 13 / 22 Teiler von 14: 1; 2; 7; 14 Teiler von 15: 1; 3; 5; 15
1 kann in jedes Haus gehören, 4 und 6 gehören in keines der Häuser.

S. 13 / 23 Frau Weber hat Recht, denn 18 | 396 und 16 | 304.

S. 13 / 24

X	54	56	6	28	7	84	23	100
Y	9	28	24	6	42	6	23	25
ja/nein	ja	ja	nein	nein	nein	ja	ja	ja

S. 13 Teilermengen-Puzzle:

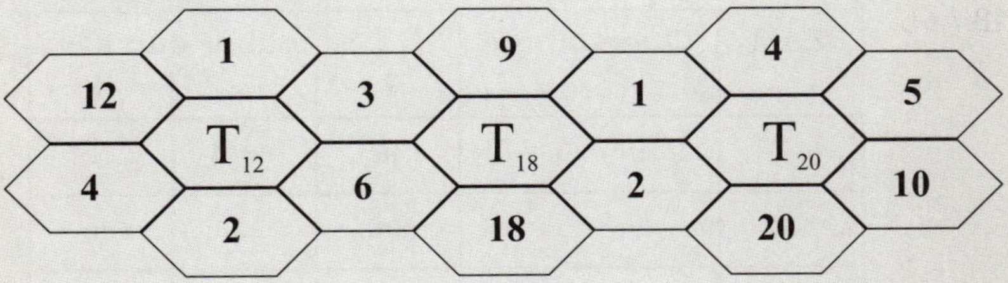

Lerntest
S. 14 / 1 Farbig zu kennzeichnen sind: 8; 24; 48; 120 **4**

2 T_{28} = {1; 2; 4; 7; 14; 28} ; T_{29} = {1; 29} **2**

3 T_{60} = {1; 2; 3; 4; 5; 6; 10; 12; 15; 20; 30; 60} ; T_{41} = {1; 41} **4**

4 7 | 21, denn 7 · 3 = 21 ; 21 $\nmid$ 7, denn 21 ist größer als 7 ; 21 | 21, denn 21 · 1 = 21 **2**

5 9 | 36 ; 8 | 32 ; 14 | 42 ; 7 $\nmid$ 40 ; 13 | 13 ; 7 $\nmid$ 17 ; 24 $\nmid$ 12 **4**

6

	ist Teiler von 16	ist Teiler von 24	ist Teiler von 30
3	nein	ja	ja
	ist Vielfaches von 6	**ist Vielfaches von 24**	**ist teilbar durch 5**
60	ja	nein	ja

Teilbarkeitsregeln

S. 16 / 2 10, 20, 30, 40, 50, 60, 70, 80, 90

S. 16 / 3 5 oder 0

S. 16 58, 608, 507, 818 sind nicht farbig.

S. 17 / 4 $4 \nmid 236$, weil $4 \nmid 36$; 4 | 344, weil 4 | 44 ; 4 | 808, weil 4 | 8 ;
4 | 515, weil 4 | 15 ; 4 | 1716, weil 4 | 16 ; 4 | 728, weil 4 | 28 ;
4 | 916, weil 4 | 16

S. 17 / 5 Lies: **fein**

S. 18 / 6a $3 \nmid 583$; $3 \nmid 4792$; 3 | 645 ; $3 \nmid 7481$

18 / 6b

Zahl	Quersumme	… ist teilbar durch 2	3	4
1174	1+1+7+4 = 13	ja	nein	nein
585	5+8+5 = 18	nein	ja	nein
5112	5+1+1+2 = 9	ja	ja	ja

18 / 7a,b

Zahl n	10|n	5|n	2|n
35	nein	ja	nein
110	ja	ja	ja
4036	nein	nein	ja
71167	nein	nein	nein

Zahl n	Quersumme	3|n
675	6+7+5 = 18	ja
381	3+8+1 = 12	ja
2166	2+1+6+6 = 15	ja
3789	3+7+8+9 = 27	ja
1865	1+8+6+5 = 20	nein

S. 18 9792

S. 19 / 1 2 | 98 (w) ; 5 | 545 (w) ; 2 | 23 (f) ; 10 | 1320 (w) ; 10 | 101 (f) ; 3 | 39 (w) ; 5 | 54 (f) ; 3 | 12345 (w)
Die Teilbarkeit einer Zahl durch 2; 5 oder 10 erkennt man an der letzten Ziffer. Eine Zahl ist durch 3 teilbar, wenn ihre Quersumme durch 3 teilbar ist.

S. 19 / 8 171, 801, 441, 981, 1017 sind durch 9 teilbar.

S. 19 Eine Zahl aus den Ziffern 0;1;2;3;4;5;6;7;8;9 hat immer die Quersumme 45. Da 45 durch 9 teilbar st, ist auch jede solche Zahl durch 9 teilbar.

S. 20 / 2 $2 \nmid 109$; 3 |762 ; 5 |335 ; $10 \nmid 101$; 2 |158 ; 3 |627

S. 20 / 3 durch 2 teilbar: 240; 102; 36; 54; 60; 22; 1230; 96
durch 5 teilbar: 240; 335; 60;1230 · 240; 60; 1230 Zahlen, die durch 2 und 5 teilbar sind, sind auch durch 10 teilbar.

S. 20 / 4 durch 2 teilbar: 616;618;620, durch 3 teilbar: 615; 618,
durch 5 teilbar: 615;620, durch 4 teilbar: 616;620

S. 20 / 5 a) 30; 32; 34; 36; 38 b) 780; 785 c) 522; 552; 582

S. 21 / 6

Hausnummer	Nummer der Männchen
1	36; 28: 212
2	45; 36; 15
3	45; 25; 15

S. 21 / 7 Zu streichen sind 45 und 10409, denn sie enden nicht auf 0; 2; 4; 6 oder 8.

S. 21 / 8 Beispiel: 21450; 24453; 2345; 28452; Quersumme immer durch 3 teilbar!

S. 22 / 9 a) 3|21 b) 3|126 c) 3|48 d) 3|267

S. 22 / 10 Teiler angeben:_ _ 20 / 2; 4; 5; 10 _ _ 40 / 2; 4; 5; 10 _ _ 15 / 5 _ _08 / 2; 4

S. 22 / 11 1 Dreibettzimmer und 12 Zweibettzimmer, 3 Dreibettzimmer und 9 Zweibettzimmer, 5 Dreibettzimmer und 6 Zweibettzimmer, 7 Dreibettzimmer und 3 Zweibettzimmer oder 9 Dreibettzimmer (geringste Anzahl von Zimmern, auch für getrennte Unterbringung).

Lerntest

S. 24 / 1
Diese Zahlen sind gerade: Zu streichen sind 1;11;19;4791 6
Diese Zahlen sind durch 5 teilbar: Zu streichen sind 1;3;17
Diese Zahlen sind Vielfache von 10: Zu streichen sind 16;44;87;304;17384

2 Durch 4 teilbar: 2116; 2120; 2124; 2128; 2132 4

3
a) letzte Ziffer 0; 2; 4; 6 oder 8 b) letzte Ziffer 2 oder 6 4
c) Quersumme durch 9 teilbar d) letzte Ziffer 0;
e) Quersumme nicht durch 3 teilbar f) letzte Ziffer keine 0 oder 5

4 Nein, denn 12 Wochen sind $12 \cdot 7 = 84$ Tage.($12 \nmid 86$) 4

5 1998 2

S. 25 / 1
5 Teiler: 1, 5 Anzahl 2; 18 Teiler: 1, 2, 3, 6, 9, 18 Anzahl 6;
7 Teiler: 1, 7 Anzahl 2; 23 Teiler: 1, 23 Anzahl 2;
11 Teiler: 1, 11 Anzahl 2; 2 Teiler: 1, 2 Anzahl 2;
16 Teiler: 1, 2, 4, 8, 16 Anzahl 5; 5 Teiler: 1, 13 Anzahl 2;

S. 29 / 6a,b,c
a) 10 b) 7; 17; 27; 37; 47; 57; 67; 77; 87; 97 c) 7; 17; 37; 47; 67; 97
37+47=84

S. 29 / 7 zwei, drei, fünf, sieben; Produkt: 210

S. 29 / 8 Januar, März, Mai, Juli, August, Oktober, Dezember

S. 31 / 1 45 ist ungerade, deshalb $45=3\cdot15$; $45=3\cdot3\cdot5$

S. 32 / 2 $16=2\cdot2\cdot2\cdot2$; $26=2\cdot13$; $49=7\cdot7$; $42=2\cdot3\cdot7$; $63=3\cdot3\cdot7$; $39=3\cdot13$

S. 32 / 3 $48=2\cdot2\cdot2\cdot2\cdot3=2^4\cdot3$; $56=2\cdot2\cdot2\cdot7=2^3\cdot7$; $78=2\cdot3\cdot13$; $40=2\cdot2\cdot2\cdot5=2^3\cdot5$

S. 33 / 4 a)=g); b)=e); d)=f)

S. 33 / 5 $T_{42}=\{1; 2; 3; 6; 7; 14; 21; 42\}$; $T_{63}=\{1; 3; 7; 9; 21\}$;
gemeinsame Teiler: 1; 3; 7; 21

S. 33/ 6 $39=3\cdot13$; $150=2\cdot3\cdot5\cdot5$; $33=3\cdot11$

S. 33
Umfang: $2 \cdot (a+b)$ ist keine Primzahl
Fläche: 1 als Seitenlänge und eine Primzahl als Seitenlänge, dann ist die Fläche eine Primzahl, sonst nicht.

Lerntest

Aufgabe	Lösung	Punkte
S.34 / 1	2 Teiler; Primzahl	2
2	2; 3; 5; 7; 11; 13; 17; 19	4
3	nein, $T_{21}= \{1; 3; 7; 21\}$ hat mehr als 2 Elemente	2
4	5	2
5	17; 23; 29; 41; 43	4
6	siehe unten	4
7	Hamburg, Dresden, Halle, Bremerhaven	2

Primzahlen:	13	17	19	23
Vertauschen:	31	71	91	32
Primzahl	ja	ja	nein	nein

Der größte gemeinsame Teiler

S.36/ 2

a) 20=2·2·5	b) 18=2·3·3	e)100=2·2·5·5
30=2·3·5	42=2·3·7	250=2·5·5·5
ggT(20; 30)=5	ggT (18; 42)=3	ggT(100; 250)=50
b) 56=2·2·2·7	d) 75=3·5·5	f)7=7
64=2·2·2·2·2·2	100=2·2·5·5	9=3·3
ggT(56; 64)=8	ggT(75; 100)=25	ggT(7;9)=1

S.36 Lösungswort: PRIMA

S.37/ 3 zu unterstreichen: c); d); f)

S.37/ 5 1, 2, 3, 4, 6, 12

Lerntest

Aufgabe	Lösung	Punkte
S.38/ 1	$T_{36}= \{1; 2; 3; 4; 6; 9; 12; 18; 36\}$ $T_{81}= \{1; 3; 9; 27; 81\}$ ggT (36;81)= 9	4
2	a) ggT (45;72)= 9 b) ggT (27;63)= 9 c) ggT (18;54)= 18	12
3	ggT (720;180)= 180	4

S.39/ 1 6, 12, 18,… 30 Euro.

S.39 Für Mathe- Asse: In der Klasse sind mindestens 25 Schüler.
Sie könnten 5 Gruppen mit je 5 Schülern bilden.

Das kleinste gemeinsame Vielfache

S.40/ 2

a) Vielfache von 10: 10; 20; 30; ...
Vielfache von 15: 15; 30; 45; ...
kgV(10;15)=30

b) Vielfache von 8: 8;16;24;...
Vielfache von 12: 12; 24; 36;...
kgV(8;12)= 24

c) kgV (32;44)=352 d) kgV (24;36)=72 e) kgV (6;8)=24

S. 41/ 3 216

S. 41/ 4 6.30 Uhr; 7.30 Uhr; 8.30 Uhr; 9.30 Uhr

S.42/ Rätsel

1	2	1		2
	0		1	3
1		5	5	5
0	1		3	
1	0	0	0	0

Lerntest

S. 44/ 1 a) kgV (12;16)= 48 b) kgV (3;9)= 9 6

2 a) kgV (60;75)= 300 b) kgV (48;72)= 144 8

3 6

kgv	5	9	3	6	10
2	10	18	6	6	10
4	20	36	12	12	20
8	40	72	24	24	40

Primzahlen

Beispielaufgaben

1 Bestimme alle Teiler der angegebenen Zahlen und stelle jeweils ihre Anzahl fest.

Zahl	Teiler									Anzahl
5	1	5								2
18										
7										
23										
11										
2										
16										
13										

2 Was fällt dir bei der Anzahl der Teiler der Zahlen 5; 7; 23; 11; 2 und 13 auf?

Vervollständige den Satz: Diese Zahlen haben nur z_ _ _ T_ _ l_ _, der eineTeiler ist

die _ und der andere Teiler ist die Zahl s e _ _ s t .
Solche Zahlen haben die Mathematiker schon vor Tausenden von Jahren beschäftigt.
Sie gaben ihnen sogar einen Namen: **Primzahlen**. Warum?
Es gibt unendlich viele solcher Zahlen, aber sie zu finden ist nicht ganz einfach. Um 200 v. Chr. lebte ein griechischer Mathematiker, der ein Verfahren zur Bestimmung von Primzahlen entwickelte: **Eratosthenes**

Sein Verfahren nennt man das **Sieb des Eratosthenes**.

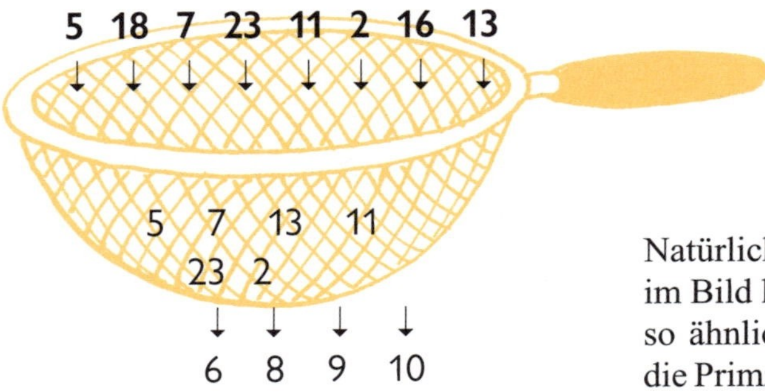

Natürlich handelt es sich nicht um ein Sieb wie im Bild links, aber das Verfahren funktioniert so ähnlich. Wenn man es anwendet, bleiben die Primzahlen übrig. Wie das geht, werdet ihr auf der nächsten Seite sehen.

Inzwischen kennen die Mathematiker auch noch andere Verfahren, aber fragt mal einen, ob die Zahl 1 243 567 988 347 165 171 nur 2 Teiler hat, dann muss er das erst herausfinden. Man sieht es der Zahl nicht an. Bei der Zahl 1 243 567 988 347 165 170 seht ihr sicher schon, dass es keine Primzahl ist, oder?

Merke dir:
Eine Zahl mit genau zwei Teilern heißt **Primzahl**.
Der eine Teiler ist die 1, der andere die Zahl selbst.
Beachte: 1 ist **keine** Primzahl

Beispiele:
97,89,83,79,73 sind Primzahlen, die kleiner als 100 sind.
997,991,983,977,971 sind Primzahlen, die kleiner als 1000 sind.

3 Male die Kästchen, in denen Primzahlen stehen, farbig aus.

1	2	3	4	5	6	7	8	9	10
11	12	13	14	15	16	17	18	19	20
21	22	23	24	25	26	27	28	29	30

4 Schreibe die Primzahlen zwischen 1 und 10 .... ,

zwischen 10 und 20 .... und zwischen 20 und 30........ .... auf.

Ein Spiel, für das ihr nur 3 Würfel, Papier und Bleistift benötigt. Der älteste Spieler beginnt. Er würfelt mit 3 Würfeln gleichzeitig und versucht dann die Augenzahlen so miteinander zu verknüpfen, dass das Ergebnis eine Primzahl ist.

Nun sollt ihr aber auch das **Sieb des Eratosthenes** kennenlernen. Um zum Beispiel alle Primzahlen bis 100 zu bestimmen, funktioniert sein Verfahren so:

5 **a** Schreibe alle Zahlen bis 100 auf.

1	2	3	4	5	6	7	8	9	10
11	12	13	14	15	16	17	18	19	20
21	22	23	24	25	26	27	28	29	30
31	32	33	34	35	36	37	38	39	40
41	42	43							
									100

b Streiche die Zahl 1.

c Nimm die folgende Primzahl und streiche alle Zahlen aus der Liste, die Vielfache dieser Primzahl sind. Die Primzahl selber lass stehen.

d Verfahre weiter wie in c). Übrig bleiben alle Primzahlen. Versuch es einmal.

Kontrolliere dich selbst:

Wenn Du alles richtig gemacht hast, dann müssen 25 Zahlen übrigbleiben.

z.B: Gewürfelt wurden 1, 3 und 5.
Dann ergibt 3 + 5 − 1= 7 eine Primzahl.
Für eine Primzahl zwischen 1 und 10 gibt es einen Punkt.
Ist sie größer als 10, 2 Punkte. Wer zuerst 10 Punkte hat, hat gewonnen.

Übungsaufgaben

1 **a** Rechne folgende Aufgaben aus:

$2 \cdot 3 + 1 =$ .... $3 \cdot 5 + 2 =$ .... $3 \cdot 5 + 2 \cdot 4 =$ ....

$2 \cdot 4 + 3 =$ .... $2 \cdot 3 + 2 \cdot 4 =$ .... $5 \cdot 7 - 2 \cdot 3 =$ ....

Denke beim Rechnen daran, dass Punktrechnung vor Strichrechnung geht.

b Welche Ergebnisse sind Primzahlen? __ ; __ ; __ ; __ ; __

Kontrolliere dich selbst:

Die Summe aller Ergebnisse beträgt 101.

2 **a** Wie viele Primzahlen sind auf einem Spielwürfel? __

b Welche Primzahlen sind es? __ ; __ ; __

3 Hans behauptet: „Jede Zahl, die hinten eine 3 hat, ist eine Primzahl.“ Lisa sagt: „Stimmt nicht.“ Wer hat recht? Begründe.

....

....

4 Finde zwei Primzahlen mit der Differenz 1. __ und __

5 Schreibe die folgenden geraden Zahlen als Summe von zwei Primzahlen, wie es das Beispiel zeigt.

$16 = 3 + 13$ $20 =$ __ + __ $56 =$ __ + __

$32 =$ __ + __ $46 =$ __ + __ $60 =$ __ + __

Trage die Primzahlen farbig ein und präge sie dir ein

6 **a** Wie viele Zahlen zwischen 0 und 100 gibt es, deren Einerstelle eine 7 ist?
Sind es 9, 10 oder 11 Zahlen? Unterstreiche die richtige Zahl.

b Schreibe die Zahlen nacheinander auf und kennzeichne die Primzahlen.

....

Kontrolliere dich selbst: Hast du 6 Zahlen?

c Ordne sie der Größe nach und addiere die 3. und die 4. Zahl. Wenn du richtig gerechnet hast, so erhältst du ein Vielfaches von 7.

__ __ __ __ __ __ __ + __ = __

d Ist das Doppelte einer Primzahl auch wieder eine Primzahl?
Begründe deine Feststellung.

.........., denn ....

7 Kennst du die Primzahlen zwischen 0 und 10? Ihre Zahlwörter erhältst du aus folgenden Buchstaben. Schreibe die Zahlwörter und die Zahlen auf.

b d e e e e f f i i i n n r s ü w z

Zahlwort	**Zahl**
....	....
....	....
....	....
....	....

Kontrolliere dich selbst:

Multipliziere die Zahlen miteinander und unterstreiche die Zahl von den rechts angegebenen, die du als Produkt erhältst.

215 130
210
15 150

8 Schreibe die Monate auf, von denen die Anzahl der Tage Primzahlen sind.

Primfaktoren

Primzahlen ... und wie weiter?
Primzahlen sind „Bausteine“ der natürlichen Zahlen. Die Primzahlen 3 und 5 sind Bausteine von 15, denn $15 = 3 \cdot 5$. Die Primzahlen 2 und 3 sind Bausteine von 12, denn $12 = 2 \cdot 2 \cdot 3$. Die Primzahlen sind hier Faktoren. Sie heißen deshalb **Primfaktoren**.

Beispielaufgaben

1 Wie du Zahlen in Primfaktoren zerlegen kannst, zeigen dir die Beispiele. Sieh sie dir genau an und versuche es dann allein.

$12 = 2 \cdot 6$
↓
$12 = 2 \cdot 2 \cdot 3$

$16 = 2 \cdot 8$
↓
$16 = 2 \cdot 2 \cdot 4$
↓
$16 = 2 \cdot 2 \cdot 2 \cdot 2$

$20 = 2 \cdot 10$
↓
$20 = 2 \cdot$ __ $\cdot$ __

2 Lösungsweg für die Primfaktorenzerlegung:

1. Entscheide, ob die Zahl gerade oder ungerade ist.
2. Ist die Zahl gerade, beginne die Zerlegung mit 2.
3. Ist die Zahl ungerade, beginne die Zerlegung mit 3 oder 5 oder 7 oder einer größeren Primzahl.

Zerlege 36.

36 ist gerade.
18 ist gerade.
$36 = 2 \cdot 18$
$= 2 \cdot 2 \cdot 9$
$= 2 \cdot 2 \cdot 3 \cdot 3$
9 ist ungerade.

Zerlegung ohne Zwischenschritte: $36 = 2 \cdot 2 \cdot 3 \cdot 3$

Welche Zahl ist die kleinste dreistellige Primzahl? __ __ __

Wiederhole die Potenzschreibweise.

$2 \cdot 2 \cdot 2 \cdot 2 \cdot 2 = 2^5 = 32$

$7 \cdot 7 \cdot 7 = 7^3 =$ ___

$3 \cdot 3 = 3^2$

$5 \cdot 5 \cdot 5 \cdot 5 \cdot 5 \cdot 5 =$ ___ = ___

$2 \cdot 2 \cdot 2 \cdot 2 =$ ___ = ___

$11 \cdot 11 =$ ___ = ___

Beispiele: $12 = 2 \cdot 2 \cdot 3 = 2^2 \cdot 3$

$16 = 2 \cdot 2 \cdot 2 \cdot 2 = 2^4$

Lerntipp:
Lernst du auch gut, wenn du einem anderen etwas erklärst? Probiere es aus.
Wie geht die Primfaktorzerlegung?

Übungsaufgaben

1 Zerlege 45 wie die Beispielaufgabe mit der 36.

45 ist ...., deshalb

45 = ___ · ___

45 = ___ · ___ · ___

Zerlegung ohne Zwischenschritte: 45 = ___ · ___ · ___

Wenn du dir die Zahlen vor dem Zerlegen genau ansiehst, findest du vielleicht auch eine einfachere Zerlegungsmöglichkeit.

Beispiele: $70 = 7 \cdot 10 = 7 \cdot 2 \cdot 5$ oder $250 = 10 \cdot 25 = 2 \cdot 5 \cdot 5 \cdot 5$

Versuch es doch mal mit 90 und 110.

90 = ... 110 = ...

Ein Tipp:
Wer mit dem kleinen Einmaleins, jonglieren kann, hat's leichter.

2 Zerlege. Mache die Zwischenschritte im Kopf.

16 = ...

26 = ...

42 = ...

49 = ...

63 = ...

39 = ...

Kontrolliere dich selbst:

Die Anzahl aller von dir ermittelten Primfaktoren zeigt die folgende Tabelle:

Primfaktoren	2	3	7	13
Anzahl	6	4	4	2

Merke dir:

Gerade Zahl

ja → Zerlegung mit **2** beginnen

nein → Zerlegung mit **3** oder **5** oder **7** versuchen.

3 Zerlege in Primfaktoren und benutze die Potenzschreibweise.

48 = ... = ...

56 = ... = ...

78 = ... = ...

40 = ... = ...

Lösungshinweis:

- Schreibe dir die Zerlegung erst wie in Aufgabe 2 auf.
- Fasse dann als Potenzen zusammen.

Kontrolliere dich selbst:

Folgende Potenzen müssen vorkommen:

2 / 2^3 / 2^3 / 2^4 /
3 / 3 / 5 / 7 / 13 /

Potenzschreibweise? Siehe auf S.31 nach.

4 Welche der folgenden Primfaktorzerlegungen stellen dieselbe Zahl dar?

a $2^2 \cdot 3^2 \cdot 5$
b $2^3 \cdot 3 \cdot 5^2$
c $2^3 \cdot 3^2 \cdot 7^2$
d $3^3 \cdot 2^2 \cdot 5$
e $2 \cdot 2 \cdot 2 \cdot 3 \cdot 5 \cdot 5$
f $3 \cdot 2 \cdot 5 \cdot 3 \cdot 3 \cdot 2$
g $2 \cdot 3 \cdot 5 \cdot 2 \cdot 3$
h $3 \cdot 3 \cdot 2 \cdot 2 \cdot 3 \cdot 5$

Ordne und schreibe die Zerlegungen mit Potenzen. Vergleiche erst dann.

e = _____ **f** = _____

g = _____ **h** = _____

5 Zerlege die Zahlen 42 und 63 in Primfaktoren. Nenne die Zahlen, die sowohl Teiler von 42 als auch von 63 sind.

Teiler gemeinsame Teiler

42 = ...

63 = ...

Kontrolliere dich selbst: Die Summe der gemeinsamen Teiler beträgt 32.

6 Schreibe folgende Zahlen als Produkte.
Verwende als Faktoren nur Primzahlen.

$21 = 3 \cdot 7$ 39 = __ · __

150 = __ · __ · __ · __ 33 = __ · __

Ich suche eine Zahl, die alle Zahlen von 2 bis 10 als Teiler hat. Welche Primfaktorzerlegung hat sie?

Peter hat ein Rechteck gezeichnet. Die Maßzahlen sind natürliche Zahlen.
Können der Umfang oder der Flächeninhalt Primzahlen sein?

ja ◯ nein ◯ Wenn du dich für ja entscheidest, dann nenne Beispiele.

1. Wie viele Teiler hat 29 ? **2**

Wie heißen Zahlen mit dieser Eigenschaft? ....

2. Nenne alle Primzahlen bis 20 . __ ; __ ; __ ; __ ; __ ; __ ; __ ; __ **4**

3. Ist 21 eine Primzahl? ja nein
Kennzeichne die richtige Antwort farbig und begründe: **2**

....

4. Bestimme alle Primzahlen, deren letzte Ziffer eine 5 ist. **2**

....

5. Bilde aus den Ziffern, 1; 1; 2; 2; 3; 3; 4; 4; 7; 9 **2**

fünf zweistellige Primzahlen. __ ; __ ; __ ; __ ; __

6. Notiere die Primzahlen zwischen 12 und 24. **4**
Vertausche dann von jeder dieser Zahlen Einer und Zehner.
Hast du wieder Primzahlen erhalten?

Primzahlen: ....

Vertauschen: ....

Primzahlen (ja/nein): ....

7. Bilde aus den nachstehenden Buchstaben die Namen von vier deutschen Städten. Ihre Anfangsbuchstaben sind die angegebenen großen Buchstaben. Die Anzahl ihrer Buchstaben ist eine Primzahl. Zwei von ihnen liegen am gleichen Fluss. **2**

a, a, a, B, b, D, d, e, e, e, e, e, e, g, H, H, h, l, l, m, m, n, n, r, r, r, r, s, u, v

Stadt 1: .... Stadt 3: ....

Stadt 2: .... Stadt 4: ....

Du kannst **20 Punkte** **erreichen**
Du hast ______ **erreicht**

Der größte gemeinsame Teiler

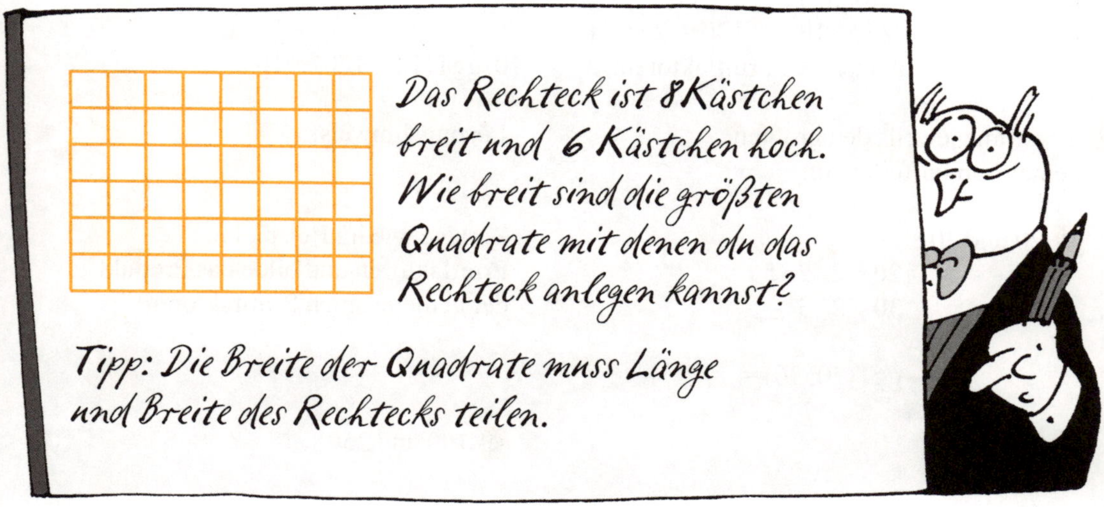

Schreibe zunächst die Teilermengen auf: T_8 = { ___ ; ___ ; ___ ; ___ } T_6 = { ___ ; ___ ; ___ ; ___ }

Was stellst du fest?
Richtig. Einige Teiler sind sowohl Teiler der Zahl 8 als auch der Zahl 6.
Solche Teiler nennt man **gemeinsame Teiler**. Gemeinsame Teiler der Zahlen 8 und 6 sind die Teiler 1 und 2. Dabei ist 2 **der größte gemeinsame Teiler**.
Man schreibt kurz: **ggT(8; 6) = 2**. Die gesuchten Quadrate sind 2 Kästchen breit.
Male sie farbig an.

Beipielaufgaben

1 **a** Du siehst hier alle Teiler von 42 und 56:

T_{42} = { 1 ; 2 ; 3 ; 6 ; 7 ; 14 ; 21 ; 42 } T_{56} = { 1 ; 2 ; 4 ; 7 ; 8 ; 14 ; 28 ; 56 }

b Welche Teiler sind gemeinsame Teiler? ___ ; ___ ; ___ ; ___

c Gib den größten gemeinsamen Teiler an: ggT(42; 56) = ___

d Bestimme den ggT von 24 und 36: ggT(24; 36) = ___

T_{24} = { 1 ; 2 ; ___ ; ___ ; 6 ; ___ ; ___ ; 24 }

T_{36} = { 1 ; 2 ; ___ ; ___ ; ___ ; 9 ; ___ ; ___ ; }

Zwei Zahlen mit dem größten gemeinsamen Teiler 6? ___

Wenn die Zahlen größer werden, kann man den ggT auch mit Hilfe der Primfaktorenzerlegung ermitteln.
Beispiel: $130 = 2 \cdot 5 \cdot 13$ $170 = 2 \cdot 5 \cdot 17$
Produkt der gemeinsamen Primfaktoren: $2 \cdot 5 = 10$, ggT(130; 170) = 10

2 Bestimme jeweils den größten gemeinsamen Teiler von

Lösungshinweis:

Zerlege wie im Beispiel in Primfaktoren und bilde das Produkt der gemeinsamen Primfaktoren.

a 20 und 30

$20 = 2 \cdot 2 \cdot 5$
$30 = 2 \cdot 3 \cdot$ __

ggT(20; 30) = __

b 18 und 42

18 = ...

42 = ...

ggT(18; 42) = __

c 56 und 64

56 = ...

64 = ...

ggT(56; 64) = __

d 75 und 100

75 = ...

100 = ...

ggT(__; ___) = __

e 100 und 250

....

....

....

f 7 und 9

....

....

....

Kontrolliere dich selbst:

Die Summe aller größten gemeinsamen Teiler beträgt 99.

Finde die Primzahlen und ordne sie der Größe nach.
Wie heißt das Lösungswort?

1(A) 25(C) 31(A) 6(S) 12(I) 7(R)
35 (N) 19(M) 33(K) 95(O) 13(I) 2(P)

g Hast du für die Zahlen der Aufgabe 2f mit Hilfe der Primfaktorenzerlegung einen ggT gefunden? Sicher nicht.
Dann schreibe die Teilermengen für die 7 und die 9 auf:

$T_7 = \{ \_\_ ; \_\_ \}$ $T_9 = \{ \_\_ ; \_\_ ; \_\_ \}$

Was stellst du fest? Richtig. Der ggT ist die 1.

Merke dir:
Zahlen, die außer der 1 keinen weiteren gemeinsamen Teiler haben, heißen **teilerfremd**.

Beispiel:
7 und 9 sind teilerfremd.

3 Unterstreiche die Zahlenpaare, die teilerfremd sind.

a 16; 20 **c** 17; 31 **e** 48; 60

b 18; 2 **d** 9; 47 **f** 16; 27

4 Male alle Felder, in denen sich gemeinsame Teiler von 36 und 48 befinden, aus.

Lösungswort: ....

1. Bestimme die Teiler von 36 und 81. **4**

T_{36} = { __; __; __; __; __; __; __; __; __ }

T_{81} = { __; __; __; __; __; }

Gib den größten gemeinsamen Teiler an: ggT(36; 81) = ____

2. Bestimme den ggT mit hilfe der Primfaktorzerlegung von: **12**

a) 45 und 72

					4	5	=															
					7	2	=															
g	g	T	(4	5;	7	2)	=															

ggT(45; 72) = ____

b) 18 und 54

					1	8	=															
					5	4	=															
							=															

ggT(18; 54) = ____

c) 27 und 63

					2	7	=															
					6	3	=															
							=															

ggT(27; 63) = ____

3. Bestimme den ggT von 720 und 180. **4**

				7	2	0	=															
				1	8	0	=															
							=															

ggT(720;180) = ____

Du kannst **20 Punkte** erreichen
Du hast ______ erreicht

Das kleinste gemeinsame Vielfache (kgV)

Beispielaufgaben

1 Beim Schulfest verkaufen Jens und Doreen Blumen. Bei Jens kosten die Sträuße 3 Euro und bei Doreen muss man 2 Euro bezahlen. Als sie abends das Geld zählen, stellen sie fest, dass sie beide den gleichen Betrag eingenommen haben. Wie viel Geld könnte das sein?

a Schreibe die Vielfachen von 2 und 3 in die Tabelle.

Vielfache von 2	2	4	6		10		14			20		24	…
Vielfache von 3	3	6				18			27				…

b Kennzeichne gemeinsame Vielfache farbig.

c Ergänze: **Gemeinsame Vielfache** von 2 und 3 sind: ___ ; ___ ; ___ ; ___ ; ___ ; ...
Beachte: Du kannst die Tabelle beliebig weit fortführen,
denn jede Zahl hat unendlich viele Vielfache.

Der eingenommene Betrag soll zwischen 25 Euro und 31 Euro liegen.

d Ergänze: Jens und Doreen haben jeder .... Euro eingenommen.

Betrachte die **gemeinsamen Vielfachen** noch einmal.
Davon ist 6 das **kleinste gemeinsame Vielfache**.
Schreibe kurz kgV = 6 oder kgV(2; 3) = 6.

Beim Handballtraining sollen die Schüler einer Klasse zahlenmäßig gleich große Gruppen bilden. Bilden sie zwei, drei, vier oder acht gleich große Gruppen, bleibt jedoch stets ein Schüler übrig.
Wie viele Schüler sind mindestens in dieser Klasse?
Wie viele zahlenmäßig gleich große Gruppen könnten sie bilden?

2 Bestimme das kgV von:

Schreibe für jede Zahl einige Vielfache auf, suche die gemeinsamen und dann das kgV

a 10 und 15 Vielfache von 10: ....

Vielfache von 15: ....

kgV (10; 15) = ____

b 8 und 12 Vielfache von 8: ....

Vielfache von __: ....

kgV (8; __) = ____

c 32 und 44 Vielfache von __ : ....

Vielfache von __ : ....

kgV (__ ; __) = ____

d 24 und 36 Vielfache von __ : ....

Vielfache von __ : ....

kg V (__ ; __) = ____

e 6 und 8 Vielfache von __ : ....

Vielfache von __ : ....

kgV (__ ; __) = ____

Aufgepasst.
Die Bestimmung des kgV funktioniert auch mit der Primfaktorzerlegung.

3 Du kannst das kgV auch mit Hilfe der Primfaktorzerlegung ermitteln, indem du die Primfaktoren, jeweils in der höchsten vorkommenden Potenz, miteinander multiplizierst.

Beispiel:

					1	8	=			2	•	3	•	3			=	2	•	3^2							
					2	0	=	2	•	2	•					5	=	2^2	•			5					
k	g	V	(1	8;	2	0)	=	2	•	2	•	3	•	3	•	5	=	2^2	•	3^2	•	5					

Ermittle, wie oben, das kgV von 72 und 27.

					7	2	=																				
					2	7	=																				
k	g	V	(7	2;	2	7)	=																				

4 Während des Berufsverkehrs zwischen 6^{30} und 9^{30} Uhr fahren die Busse am Busbahnhof im angegebenen Rhythmus ab.

Fahrplan	Linie 015	Linie 020	Linie 025
Montag bis Freitag	6^{30} alle 15 Minuten bis 9^{30}	6^{30} alle 12 Minuten bis 9^{30}	6^{30} alle 20 Minuten bis 9^{30}

Um günstige Anschlüsse zu ermöglichen, fahren die Busse zu bestimmten Zeiten gleichzeitig ab. Um wie viel Uhr geschieht das zum ersten Mal?
Schreibe alle Abfahrtszeiten auf, bei denen die Busse gleichzeitig abfahren.

....

Alles klar mit dem kgV?
wenn nicht, dann geh' noch mal zurück auf Seite 40.

Ein Rätsel: Trage die entsprechende Zahl ein.

Waagerecht:

1. Das Quadrat einer Primzahl zwischen 10 und 12

4. Primzahl mit der Quersumme 4

6. Die Zahl ist durch 3 und 5 teilbar und alle ihre Ziffern sind gleich

8. Die kleinste, durch 5 teilbare fünfstellige Zahl

Senkrecht:

2. Die kleinste, durch 2, 4, 5 und 10 teilbare Zahl

3. Die Ziffern dieser Zahl sind die ersten drei Primzahlen

4. Die Zahl ist durch 9 und 10 teilbar

5. Die kleinste dreistellige Primzahl

7. Der größte gemeinsame Teiler von 20 und 30

1	2			3
			4	
5		6		
	7			
8				

Tipps zum besseren Lernen

- Mach' mal Pause.
Dein Gedächtnis braucht immer wieder mal eine Pause. Geh' raus aus dem Zimmer und mache für ein paar Minuten etwas anderes (z.B. körperliche Bewegung ist ideal), bevor du die nächste Portion Lernstoff in Angriff nimmst.

- Wiederholen bringt's.
Ohne Wiederholung vergisst du Gelerntes schon nach kurzer Zeit. Stoppe das Vergessen, indem du neuen Stoff möglichst noch am selben Tag und dann in Abständen wiederholst. Bleibe immer am Ball und baue dein Wissen langfristig auf. Kurzfristiges Pauken bringt vielleicht ein ruhiges Gewissen, nicht aber dauerhaften Lernerfolg.

- Baue dir lustige Eselsbrücken.
Du kannst dir jederzeit Eselsbrücken bauen, um dir neuen Schulstoff besser zu merken. Je verrückter oder je lustiger die Eselsbrücke, desto besser. Dies ist besonders wichtig, wenn du neuen Schulstoff nur schwer in bereits vorhandenes Wissen einordnen kannst.

- Schaffe dir eine angenehme Arbeitsatmosphäre.
Eine entspannte, angenehme Lernatmosphäre fördert das Behalten. Manche lernen am besten in bequemer Kleidung, bei mittlerer Zimmertemperatur und Ruhe, andere bewegen sich gern und andere lernen am liebsten zusammen mit einem Freund oder einer Freundin. Finde heraus, wie du dich in deinem Zimmer oder an deinem Schreibtisch am wohlsten fühlst und stelle diese Atmosphäre gezielt her.

- Weniger und öfter ist mehr.
Deine Lernerfolge sind am größten, wenn du den Stoff portionsweise lernst. Lerne lieber pro Tag 10 Minuten das Einmaleins, als einmal die Woche eine Stunde lang.

- Erstellen von Karteikarten.
Erstelle dir Karteikarten, indem du sie vorne mit einer Frage oder Aufgabe und auf der Rückseite mit der Antwort beschriftest. Mit Hilfe der Karteikarten kannst du dich alleine oder mit einem Freund bzw. einer Freundin abfragen. Die Karten, die du nicht lösen konntest lege zur Seite und bearbeite sie später erneut.

Pause mit Bewegung

Mündliche Hausaufgaben sind übrigens mindestens genauso wichtig wie schriftliche.

In dieser Position lerne ich am besten.

1. Bestimme das kgV von : **6**

a) 12 und 16 Vielfache von 12 : ....

Vielfache von 16 : ....

kgV(12 ; 16) = ____

b) 3 und 9 Vielfache von 3 : ....

Vielfache von 9 : ....

kgV(3 ; 9) = ____

2. Zerlege in Primfaktoren und berechne das kgV: **8**

a) 60 und 75

					6	0	=															
					7	5	=															
							=															

kgV(60 ; 75) = ____

b) 48 und 72

					4	8	=															
					7	2	=															
							=															

kgV(48 ; 72) = ____

3. Berechne das kgV von den jeweiligen Zahlenpaaren: **6**

	5	9	3	6	10												
2	10																
4																	
8																	

Du kannst **20 Punkte** erreichen

Du hast erreicht

Das benötigt ihr:
Den auf der nächsten Seite abgedruckten Spielplan, zwei Würfel, und für jeden Mitspieler eine Spielfigur.

Und so geht es:

Stellt die Spielfiguren auf das Startfeld. Der jüngste Spieler beginnt, mit zwei Würfeln gleichzeitig zu würfeln. Aus den Augenzahlen wird eine zweistellige Zahl so gebildet, dass man sich auf dem Spielfeld in Richtung Ziel ein Kästchen weiter bewegen kann.
Zum Beispiel würfelt der erste Spieler eine 4 und eine 5, dann kann er daraus 45 oder 54 bilden.
Nimmt er die Zahl 45, dann kann er seinen Spielstein auf das Kästchen „ungerade Zahl"oder „durch 3 teilbar" stellen, nimmt er die 54, kann er seinen Stein auf das Kästchen „gerade Zahl" stellen. Dann ist der nächste Spieler am Zug.
Kann man mit den gewürfelten Augenzahlen im Verlauf des Spieles kein anderes Kästchen erreichen, bleibt man stehen und der nächste Spieler würfelt.
Es können auch mehrere Spieler auf einem Kästchen stehen.
Wie man sich auf dem Spielfeld bewegen kann, zeigen die Pfeile an.
Wer zuerst auf dem Kästchen „Ziel" steht, hat gewonnen.

Natürlich könnt ihr die Spielregeln auch ändern. Vielleicht probiert ihr es mal mit „Rauswerfen", wenn ein Spieler auf ein Kästchen kommt, auf dem schon ein anderer steht.

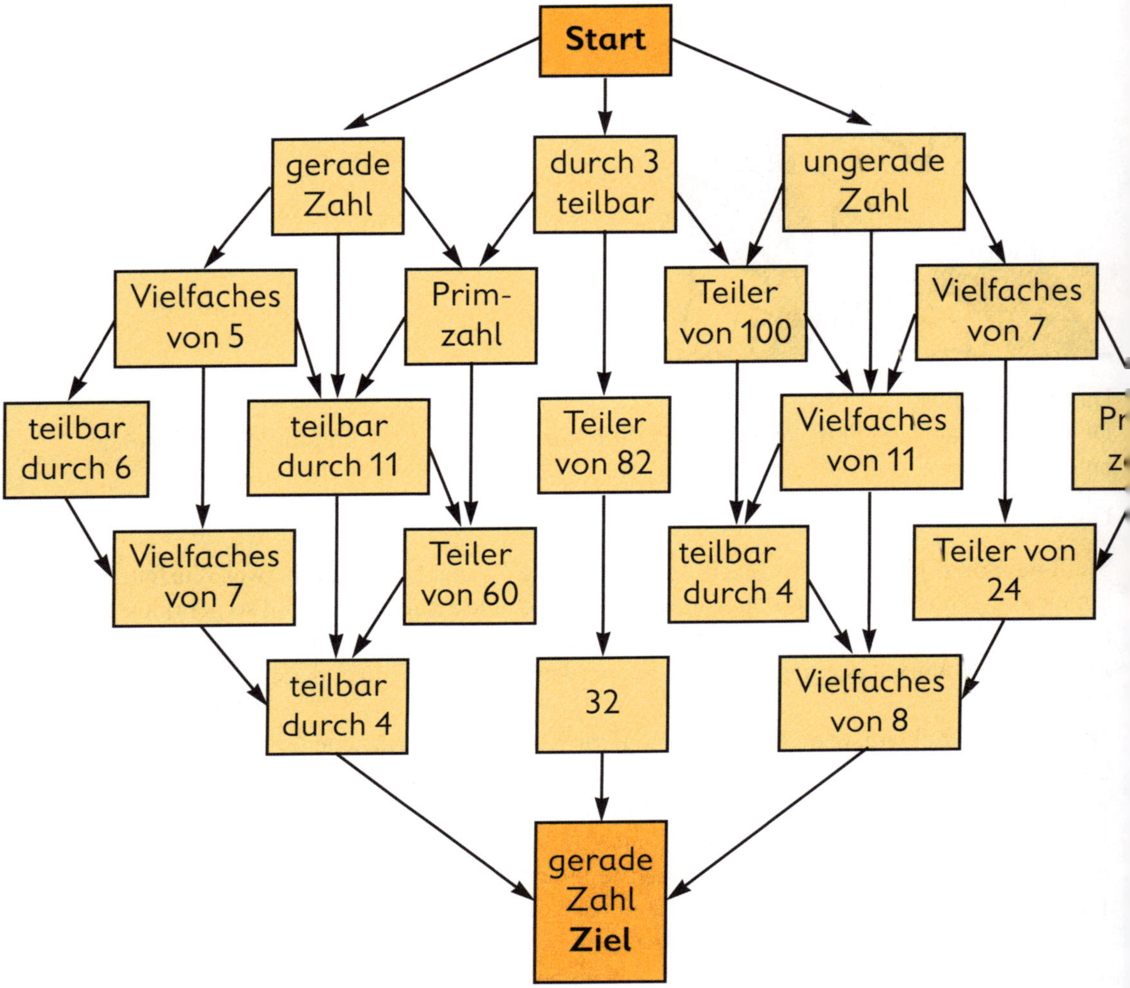

Start
gerade Zahl
durch 3 teilbar
ungerade Zahl
Vielfaches von 5
Prim-zahl
Teiler von 100
Vielfaches von 7
teilbar durch 6
teilbar durch 11
Teiler von 82
Vielfaches von 11
Vielfaches von 7
Teiler von 60
teilbar durch 4
Teiler von 24
teilbar durch 4
32
Vielfaches von 8
gerade Zahl Ziel

Haha!

Teiler und Vielfache

Vielfaches

Multipliziert man eine Zahl mit einer anderen, so erhält man ein Vielfaches der Zahl.

Beispiel: $3 \cdot 6 = 18$; 18 ist Vielfaches von 3 und 6

Teiler

Eine Zahl a ist Teiler einer Zahl b, wenn die Division b:a ohne Rest aufgeht.

Beispiel: 24 : 4 = 6, 6 und 4 sind Teiler von 24

Teilbarkeitsregeln

teilbar durch 2

Jede Zahl, deren letzte Ziffer eine 0; 2; 4; 6 oder 8 ist, ist durch 2 teilbar.

Beispiel: $2 \mid 528$; $2 \nmid 547$

teilbar durch 3

Jede Zahl, deren Quersumme durch 3 teilbar ist, ist durch 3 teilbar.

Beispiel: $3 \mid 921$, weil $3 \mid 9+2+1=12$

teilbar durch 4

Jede Zahl, deren letzten beiden Ziffern durch 4 teilbar sind, ist durch 4 teilbar.

Beispiel: $4 \mid 728$, weil $4 \mid 28$

teilbar durch 5

Jede Zahl, deren letzte Ziffer eine 0 oder 5 ist, ist durch 5 teilbar.

Beispiel: $5 \mid 1025$; $5 \mid 1020$; $5 \nmid 1127$

teilbar durch 6

Jede Zahl ist durch 6 teilbar, wenn die Regeln für die 2 und 3 gelten.

Beispiel: $6 \mid 318$, weil $2 \mid 318$ und $3 \mid 318$

teilbar durch 8

Jede Zahl, deren letzten drei Ziffern durch 8 teilbar sind, ist durch 8 teilbar.

Beispiel: $8 \mid 3160$, weil $8 \mid 160$

teilbar durch 9

Jede Zahl, deren Quersumme durch 9 teilbar ist, ist durch 9 teilbar.

Beispiel: $9 \mid 171$, weil $9 \mid 1+7+1=9$

teilbar durch 10

Jede Zahl, deren letzte Ziffer eine 0 ist, ist durch 10 teilbar.

Beispiel: $10 \mid 10700$; $10 \mid 10722$

Primzahlen

Primzahl Eine Zahl mit genau zwei Teilern heißt Primzahl. Der eine Teiler ist die 1, der andere die Zahl selbst.

Der größte gemeinsame Teiler (ggT)

Gemeinsame Teiler Ist eine Zahl Teiler mehrerer Zahlen, so nennt man sie gemeinsamer Teiler.

Beispiel: $T_{12} = \{1; 2; 3; 4; 6; 12\}$ $T_{18} = \{1; 2, 3; 6; 9; 18\}$

gemeinsame Teiler: 1; 2; 3; 6

ggT Die größte Zahl unter den gemeinsamen Teilern mehrerer Zahlen nennt man größter gemeinsamer Teiler.

Beispiel: ggT(12;22) = 2

teilerfremd Zwei Zahlen heißen teilerfremd, wenn sie nur die 1 als gemeinsamen Teiler besitzen.

Gemeinsames Vielfaches Ist eine Zahl Vielfaches mehrerer Zahlen, so nennt man sie gemeinsames Vielfaches.

Beispiel: Vielfache von 8: 8; 16; 24; 32; 40; 48; 56; 64; 72;...
Vielfache von 12: 12; 24; 36; 48; 60; 72;...
gemeinsame Vielfache: 24; 48; 72;...

Das kleinste gemeinsame Vielfache (kgV)

kgV Die kleinste Zahl unter den gemeinsamen Vielfachen mehrerer Zahlen nennt man kleinstes gemeinsames Vielfaches.

Beispiel: kgV(4; 18) = 36